BEI GRIN MACHT SICH IHR WISSEN BEZAHLT

- Wir veröffentlichen Ihre Hausarbeit,
  Bachelor- und Masterarbeit

- Ihr eigenes eBook und Buch -
  weltweit in allen wichtigen Shops

- Verdienen Sie an jedem Verkauf

Jetzt bei www.GRIN.com hochladen und kostenlos publizieren

Sylvia Lorenz

Endogene Regionalentwicklung in Nordrhein-Westfalen

Musterland für Wirtschafts- und Innovationsförderung

GRIN Verlag

Bibliografische Information der Deutschen Nationalbibliothek:

Die Deutsche Bibliothek verzeichnet diese Publikation in der Deutschen National-
bibliografie; detaillierte bibliografische Daten sind im Internet über http://dnb.d-
nb.de/ abrufbar.

Impressum:

Copyright © 2011 GRIN Verlag GmbH
Druck und Bindung: Books on Demand GmbH, Norderstedt Germany
ISBN: 978-3-656-19485-9

Dieses Buch bei GRIN:

http://www.grin.com/de/e-book/194404/endogene-regionalentwicklung-in-nord-
rhein-westfalen

GRIN - Your knowledge has value

Der GRIN Verlag publiziert seit 1998 wissenschaftliche Arbeiten von Studenten, Hochschullehrern und anderen Akademikern als eBook und gedrucktes Buch. Die Verlagswebsite www.grin.com ist die ideale Plattform zur Veröffentlichung von Hausarbeiten, Abschlussarbeiten, wissenschaftlichen Aufsätzen, Dissertationen und Fachbüchern.

Besuchen Sie uns im Internet:

http://www.grin.com/

http://www.facebook.com/grincom

http://www.twitter.com/grin_com

Christian-Albrechts-Universität zu Kiel

Geographisches Institut

Seminar: Wirtschaftsgeographie der Regionalisierung und Globalisierung

Referentin: Sylvia Lorenz

15.02.2011

WS 10/11

Wörter: 2857

Endogene Regionalentwicklung in Nordrhein-Westfalen. Musterland für Wirtschafts- und Innovationsförderung?

In der Vergangenheit haben sich in Nordrhein-Westfalen, u.a. vor dem Hintergrund der Krise im Montansektor, vor allem im Bereich Informations- und Kommunikationstechnologie sowie Biotechnologie und im Gesundheitssektor neue Industrien herausgebildet.

Unter der regionalisierten Strukturpolitik kam es seit den 1980er Jahren zu einer „Wiederbelebung" der regionalen Wirtschaft (TRIPPL, M. 2004: 101-102). Traditionell zielte die Wirtschaftsförderung primär auf die Ansiedlung von kleinen und mittleren Technologieunternehmen. Bedeutende Maßnahmen waren Standortmarketing und die Bereitstellung von Gewerbeflächen. Der Fokus lag dabei insbesondere auf der Förderung von Schlüsseltechnologien (Hightech) und Technologietransfer. Im Rahmen wirtschafts- und innovationspolitischer Maßnahmen wurde, seit den 1990er Jahren unter dem Einfluss der Europäischen Kommission über Europäische Strukturfonds, das Netz von Forschungs- und Entwicklungsinstituten, Technologietransferstellen und Technologie- und Gründerzentren verdichtet. Demgegenüber ist heute auch die „Bestandspflege", d.h. die Unterstützung ansässiger Unternehmen mindestens genauso bedeutsam (ZIEGLER, A. 2005: 164-165). In jüngster Zeit richten sich die Wirtschafts- und Innovationspolitik zunehmend auf die Förderung von Clustern, sogenannten „Kompetenzfelder", aus (TRIPPL, M. 2004: 101-102).

Im Rahmen der endogenen Regionalentwicklung in Nordrhein-Westfalen bezieht sich die vorliegende Arbeit folglich auf die endogene Wirtschaftsförderung. Entsprechend liegt der Fokus auf einheimischen Unternehmen, insbesondere auf Existenzgründungen (PIKE, A.; RODRIGUEZ-POSE, A.; TOMANEY, J. 2006: 158). Darüber hinaus spielt auch die Innovationsförderung eine Rolle, bei der es insbesondere darum geht, einigen Unternehmen die Durchführung von Innovationen zu erleichtern. Primäres Ziel dabei ist die Fähigkeit und

1

Bereitschaft der Unternehmen zu stärken, ihre Position im Wettbewerb durch innovative Bemühungen zu verbessern.

Inwiefern Nordrhein-Westfalen als Musterland für Wirtschafts- und Innovationsförderung gilt, kann dahingehend beantwortet werden, ob bisherige Ziele der Wirtschafts- und Innovationsförderung erreicht wurden. Insofern kann z.b. betrachtet werden, ob der Grundstein zur Wirtschaftsentwicklung gelegt ist und auf die Schaffung und den Erhalt zukunftssicherer Arbeitsplätze hingearbeitet wurde.

Wirtschafts- und Innovationsförderung durch Existenzgründung

In der wirtschaftspolitischen Diskussion Deutschlands, so auch in Nordrhein-Westfalen, besteht allgemein die Übereinstimmung, dass für die wirtschaftliche Entwicklung eines bestimmten Standortes, die Unternehmens- und Betriebsgründungen von großer Bedeutung sind. Bedingt durch das Wachstums- und Innovationspotential zahlreicher Jungunternehmen gelten hohe Markteintrittszahlen als Stärke des jeweiligen Wirtschaftsstandortes. Insofern ist die Wirtschaftspolitik und speziell die Regionalpolitik darauf ausgerichtet, ein gründungsinitiierendes Klima in sämtlichen Teilräumen Nordrhein-Westfalens zu schaffen. Entsprechend gibt es für Existenzgründer viele Anlaufstellen (MAAß, F. 2002: 149).

In der Annahme, dass die Gründungswahrscheinlichkeit höher ist, je mehr und größere Inkubatoreinrichtungen vorhanden sind, werden Technologie- und Gründerzentren (TGZ) als Instrument einer aktiven Strukturpolitik, nämlich auf Initiative der Gemeinden und Kreise, betrachtet (TAMÁSY, C. 2003: 50). Seit Mitte der 1980er Jahre werden in Nordrhein-Westfalen innovative und stark technologieorientierte Unternehmen, insbesondere durch Technologie- und Gründerzentren, gefördert. Die Landesregierungen beurteilten und förderten Technologie- und Gründerzentren sehr unterschiedlich, was sich u.a. in der Dichte der TGZ in Deutschland zeigt. Während Nordrhein-Westfalen massiv in solche Einrichtungen investierte wurden z.B. die TGZ in Niedersachsen nur begrenzt und vorsichtig unterstützt. Mit ca. 50 Technologie- und Gründerzentren verfügt Nordrhein-Westfalen derzeit über ein nahezu flächendeckendes Netz dieser Einrichtungen (vgl. Abb. 1). Das Land beherbergt insofern etwa ein Drittel aller Zentren in ganz Deutschland (MAGGI, C. 2004: 174).

Abbildung 1. Standtorte der Technologie- und Gründerzentren

a)   b)

Quelle: a) Technologie- und Gründerzentren Nordrhein-Westfalen e.V.
         b) BEHRENDT, H.; TAMÁSY, C. (1997): 37

Technologie- und Gründerzentren sind eine der am häufigsten verwendeten Instrumente der lokalen Wirtschaftsförderung. Nordrhein-Westfalen ist dasjenige Bundesland, welches die Errichtung der Zentren am massivsten und kontinuierlichsten vorangetrieben hat. Ein Instrument, das Nordrhein-Westfalen bezüglich der Wirtschafts- und Innovationsförderung zum Musterland macht?

Diese Frage lässt sich anhand der Leistung solcher Zentren diskutieren. Dabei steht vor allem im Vordergrund, die vorliegenden Implementierungs- und Betriebskosten in Relation zu ihrem Beitrag, zu den wirtschaftspolitischen Zielen wie Beschäftigungsförderung und Entwicklung von Wettbewerbs- und Innovationskapazitäten, zu setzen (MAGGI, C. 2004: 176).

3

Die Vorstellungen über TGZ reichen vom „euphorischen ‚Anstoß zu einem neuen Silicon Valley' bis zu polemischen Bezeichnungen wie ‚Wärmehallen für arbeitslose Jungakademiker', vom erstklassigen Instrument regionalpolitischer Steuerungsmöglichkeiten bis zum Subventionsgrab in den Alpträumen liberaler Ordnungspolitiker"(BEHRENDT, H.; TAMÁSY, C. 1997: 34)

In der Vergangenheit wurden intensive Debatten zur Wirkung und Effizienz der Technologie- und Gründerzentren geführt. Im Mittelpunkt jeglicher Diskussionen stehen die enormen Anfangsinvestitionen, die ein solches Zentrum erfordert, und die Tatsache, dass in vielen Fällen die Betriebskosten nicht durch die Einnahmen aus z.b. Mieten und Dienstleistungen gedeckt werden können (MAGGI, C. 2004: 176). Selbst von der Landesregierung beauftragte Gutachter räumen ein, dass vielfach ein „Überangebot an Zentrumsfläche entstanden" ist (KIERBACH, R. 1999: 1). Diese Tatsache kann in diesem Fall dazu führen, dass Unternehmen, welche das Technologie- und Gründerzentrum eigentlich nach einer festgelegten Zeit verlassen müssten, solche Fristen überschreiten, was wiederum zur Folge hat, dass der Förderung von Innovationen entgegengewirkt wird. So befanden sich im Jahr 1996 nur 55% der in den TGZ niedergelassenen Unternehmen in der Gründungsphase (MAGGI, C. 2004: 181). Zudem gibt es ein abnehmendes Potential an technologieorientierten Existenzgründern, sodass bei der Auswahl der technologische Anspruch an die Unternehmen reduziert wird. Das Nichtvorhandensein einer zielgruppenadäquaten Auslastung führt insofern zu einem Etikettenschwindel. Fehlbelegungen, z.B. durch nicht-hochwertige Dienstleistungen, führen dazu, dass „Verpackung" und „Inhalt" des TGZ nicht mehr übereinstimmen. Die Zahl „echter" TGZ wäre folglich sehr viel kleiner. So schreiben BEHREND, H. und TAMÀSY, C. 1997: 39: „Die angesichts des zu geringen Innovations- und Gründerpotentials unangemessene hohe, durch Landesmittel hervorgerufene TGZ-Dichte in Nordrhein-Westfalen und der damit verbundene starke Konkurrenzdruck der Einrichtungen untereinander bei fehlender Aufgabenteilung sind diesbezüglich ein warnendes Beispiel." In Relation zu den Mitteln, welche für die Gründungs- und Konzeptionsphase aufgebracht werden, fällt die Beschäftigung, welche durch die Unternehmen geschaffen wird, zu gering aus (MAGGI, C.2004: 176). Für die „Hallenbäder der Neuzeit", wie sie vom CDU-Wirtschafspolitiker L. MEYER ironisch betitelt werden, wurden bis 1996 mehr als eine halbe Milliarde Mark ausgegeben. Welche Auswirkungen Technologiezentren tatsächlich auf den Arbeitsmarkt haben, kann aufgrund der Mitnahmeeffekte nicht mit Sicherheit gesagt werden. Landeseigene Ermittlungen gingen bis dato von 10.000 neu geschaffenen Arbeitsplätzen aus. Wendet man den Blick auf die Stadt Duisburg, welche in den 90er Jahren innerhalb von 5 Jahren 28.000 Vollzeitarbeitsplätze verlor, ist die Schaffung neuer Arbeitsplätze durch die Errichtung neuer Technologiezentren sehr gering (KIERBACH, R. 1999: 1).

Die flächendeckende Ausbreitung der Technologiezentren in Nordrhein-Westfalen zeigt ebenfalls negative Aspekte in der Innovationsförderung. Dr. med. H. HAINDL, Sachverständiger für Medizinprodukte, schreibt in „Die ZEIT" von 1997: „Innovationsförderung ist rausgeworfenes Steuergeld". Seiner Ansicht nach würden einige der kommunalen Beamten gerne Unternehmer spielen und besonders leicht fällt ihnen das Unternehmertum mit dem Geld der Stadt oder der Gemeinde. Bestimmte Hoffnungstechnologien sprechen sich offensichtlich bis in die Verwaltung herum und manchmal fallen dabei auch noch ein paar Jobs für Parteisoldaten ab, was insofern nichts mit Innovation zu tun hat (HAINDL, H. 1997: 1).

Im Hinblick auf die Innovationsförderung versucht das eine Bundesland das andere oder der eine Standort den anderen zu übertreffen. Während einige Firmen in Nordrhein-Westfalen Filialen eingerichtet haben um ausschließlich Fördermittel abzocken zu können, fristen inzwischen erfolglose Unternehmen, so HAINDL, in Technologiezentren ihr Leben.

Weiter kritisiert HAINDL, dass erfolgreichen Unternehmen zu wenige Fördermittel zur Verfügung stehen. Ein beträchtlicher Teil des Geldes würde in neue Unternehmen gesteckt, welche noch nicht einmal unter Beweis gestellt haben, dass sie mit solchen Finanzen umgehen können. Mit 30 bis 40% Anschub-Subvention ist es den neuen Unternehmen möglich, den alten Firmen Konkurrenz zu machen. „Im Extremfall geht dann das alte Unternehmen pleite und anschließend, wenn die Subventionen alle sind, auch das neue Unternehmen. Das nennen wir dann Innovationsförderung" (HAINDL, H. 1997: 1). Innovationsförderung sollte nach HAINDL insofern keine Sache des Staates sein. Die wohl beste Anregung für Forschung und Innovation ist, dass man damit Geld verdienen kann. „Und den kritischen Blick, ob man mit etwas Geld verdienen kann oder nicht, hat am besten derjenige, der damit auch Geld verlieren kann" (HAINDL, H. 1997: 1).

Kritisch an dieser Stelle ist ebenfalls anzumerken, dass die Gelder nach dem Gießkannenprinzip verteilt werden. Anstatt die Gelder auf bestimmte Bereiche oder

Schwerpunkte zu konzentrieren, bekommen alle Beteiligten nur einen Bruchteil der Fördermittel, was insofern nicht langfristig weiterhilft und dazu führt, dass die TGZ ihre Betriebskosten nicht decken können.

Letztlich stehen auch die in Verbindung mit den Technologie- und Gründerzentren indirekten Förderungsmaßnahmen öffentlicher und privater Akteure in der Kritik. Im Rahmen der Gründungsoffensive (NRW GO!) wurden regionale Gründungsnetzwerke (sogenannte „startercenter") initiiert, wie z.b. auch das Gründungsnetzwerk Emscher-Lippe (ELGO!), welches aus etwa 60 verschiedenen Institutionen besteht. Die von der Landesregierung Nordrhein-Westfalen gelobte Gründungsoffensive GO! sei allerdings nichts als "eine große PR-Kampagne", so CDU-Politiker L. MEYER. So besteht GO! in erster Linie aus einer telefonischen Infoline und zahlreichen Broschüren mit zahlreichen Hinweisen, u.a. mit der Empfehlung das jeweilige Gründungskonzept zunächst in einem Gespräch mit Beratern oder Freunden eingehend zu prüfen (KIERBACH, R. 1999: 1).

Trotz dieser negativen und betont subjektiven Kritik zählen Technologie- und Gründerzentren „zu den wichtigsten Bausteinen bei der Förderung von technologie- und wissensbasierten Gründungen in unserem Land.", sagt F. HÖLSCHEID, Leiter des Technologie- und Gründerzentrum in Solingen. Derzeit arbeiten 80 Prozent der Einrichtungen mit Universitäten zusammen.

Ferner machen die heutigen Bilanzen der Technologiezentren Mut, „denn die Quote erfolgreicher Unternehmensgründungen in diesen Einrichtungen ist mit bis zu 97 Prozent deutlich höher als der bundesweite Durchschnitt von etwa 50 Prozent.", so F. HÖLSCHEID (WAZ NewMedia 2011[1]: 1). Auch im Vergleich zu anderen Bundesländern, wie z.B. Niedersachen, die Insolvenzrate liegt hier zwischen 6-9% (Stand 2006), liegt NRW weit vorne (VTN 2006). Insofern stellen Technologie- und Gründerzentren in Nordrhein-Westfalen ein wesentliches Element der modernen Wirtschafts- und Innovationsförderung dar.

Besonders Attraktiv sind TGZ aus dem Blickwinkel politischer Rationalität. TGZ lassen sich in der Region leichter durchsetzen, weil EU-, Bundes- und Landesmittel einfacher in die Region gelenkt werden können. Zudem lassen sich TGZ medienwirksam nutzen, sodass politische Aktivität sichtbar wird. Bei positiver Entwicklung, können TGZ einen hohen Image- oder Symbolwert einnehmen.

Technologie- und Gründerzentren gelten insbesondere mit hochwertigen Gewerbeflächen als Erfolgsfaktor. Nach Verlassen des TGZ muss ein Unternehmen nicht auf die Leistungen oder auf Kontakte zu den im TGZ ansässigen Unternehmen verzichten. Beispielhaft hierfür sind die Technologie- und Gründerzentren mit angrenzendem Technologiepark in Dortmund und Köln.

Wirtschafts- und Innovationsförderung durch Clusterpolitik

Die Lissabon-Agenda hat einen großen Einfluss auf die Arbeit der kommunalen Wirtschaftsförderung genommen. Insbesondere stehen dabei auf Innovationen gerichtete Themen im Vordergrund, d.h. Clusterpolitik, Technologie- und Innovationspolitik, Existenzgründungen, lokale und regionale Netzwerke sowie die Kooperation zwischen Hochschulen und Wirtschaft und das Themengebiet Wissensgesellschaft/ Creative Industries (MAGER, U.; RÖLLINGHOFF, S. 2009:79).

In der modernen Wirtschaftsförderung gilt der Aufbau wirtschaftlicher Cluster (16 „NRW-Cluster") als aktive Innovationsförderung. Die Cluster bauen dabei meist auf die endogenen Potentiale eines Standortes, stärken demzufolge ein regionales Identitätsgefühl und die Partizipation der Clusterunternehmen im Verlauf einer nachhaltiger Regionalentwicklung (KNAUSEDER, J. 2009: 1).

Unter dem Leitsatz: Innovationen bilden „die Basis für die Zukunft Nordrhein-Westfalens" (ZIEGLER, A. 2005: 167), setzt sich die Wirtschaftspolitik das Ziel einer stärkeren Zusammenarbeit von Wirtschaft und Wissenschaft. Innovative Gründungen sollen angeregt und Zukunftsfelder der Hochtechnologie ausgebaut werden. Mit der Weiterentwicklung von Kompetenzfeldern im Bereich verschiedener Technologien ist vordergründiges Ziel nicht mehr nur Schwächen auszugleichen, sondern bereits vorhandene Stärken zu stärken (ZIEGLER, A. 2005: 167). Gerade in den einst industriell geprägten Standortten ist das Motto „Stärken stärken" von Bedeutung (MAGER, U.; RÖLLINGHOFF S. 2009: 76).

Die resultierenden Wachstumsimpulse (z.B. auf dem Arbeitsmarkt) sollen so über die Kompetenzfelder hinaus in die lokale Ökonomie strahlen. Zudem haben bestimmte Technologieinitiativen die Aufgabe, neues Wissen noch schneller in Unternehmen zu bringen als bisher (ZIEGLER, A. 2005: 167).

Zentrale Ziele sind die technologische Leistungsfähigkeit der Wirtschaft im Land zu erhöhen, Beschäftigung und Innovationen (MAGER, U.; RÖLLINGHOFF, S. 2009: 77). Eine wichtige Frage bei der Errichtung von Kompetenzfeldern bezieht sich auf die Anpassung der Qualifikation bei den Arbeitnehmern und Arbeitnehmerinnen sowie an die Weiterbildungsanbieter, welche die Qualifikation unterstützen sollen (ZIEGLER, A. 2005: 175).

Positive Erfahrungen wurden insbesondere in der Biotechnologie gemacht. So äußert Dr. B. GARTHOFF, Landesclustermanager Biotechnologie Nordrhein-Westfalen: „NRW ist das Land der Biotechnologie, einer der Schlüsseltechnologien des 21. Jahrhunderts. Deren Bedeutung allgemein und für unser Land kann gar nicht hoch genug eingeschätzt werden. NRW ist weltweit an neunter Stelle, wenn es um die Anmeldung von Bio-tech-Patenten geht, in Europa sind wir an erster Stelle." (WAZ NewMedia 2011[2]: 1)

Im Zuge des neuen Modells zur Innovationsförderung spielen auch neue Finanzierungsmodelle eine Rolle. Im Rahmen der angespannten Finanzsituation der öffentlichen Haushalte werden neue Finanzquellen erschlossen. Die „win" zum Beispiel (Wagniskapital für Innovationen in NRW- 2006 von der NRW-BANK übernommen) stellt Risikokapital in der Seed-, Start-up- und Wachstumsphase.

Ein weiteres Finanzierungsmodell ist die Errichtung revolvierender Fonds. Bei technologischen Entwicklungsprojekten sollen Finanzmittel für die Technologie- und Innovationsförderung mit Hilfe von Rückflüssen und Gewinnbeteiligung aufgefüllt werden, sodass die Gelder später für neue Projekte eingesetzt werden können.

Ebenfalls ein neues Element der Förderpolitik sind Wettbewerbe, bei denen das Land bestimmt, welche Projekte gefördert werden und welche nicht. Daneben bewirkt der Wettbewerb die Intensivierung von Kooperation und Vernetzung zwischen in einem Projekt zusammenarbeitenden Akteuren (z.B. „ZukunftsWettbewerb Ruhrgebiet"-1999 und „Regionalentwicklung"- 2002) (ZIEGLER, A. 2005: 173- 174).

Eine Kritik zur Zielsetzung der neuen Politik wendet sich insbesondere dahingehend, dass innerhalb eines bestimmten Zeitraums zahlreiche Arbeitsplätze innerhalb innovativer Branchen geschaffen werden sollen (im Ruhrgebiet: 200.000 bis zum Jahr 2005). Die zu schaffende Zahl an Arbeitsplätzen scheint jedoch von Anfang an zu unrealistisch, sodass diese Zielgröße mutmaßlich nur zu Marketingzwecken dient (ZIEGLER, A. 2005: 177).

Zudem stellt sich die Frage, in welchem Verhältnis Stärken gestärkt und Schwächen ausgeglichen werden können, ohne das es zu Konflikten zwischen einzelnen Standorten kommt bzw. regionale Disparitäten weiter auseinander klaffen.

Das Konzept des Clusters in Nordrhein-Westfalen spielt derzeitig insbesondere in der Hochtechnologie eine bedeutende Rolle. Allerdings besteht zukünftig die Gefahr, dass die Fühlungsvorteile und Innovationsfunktionen der aktuellen Cluster durch mobilere und hauptsächlich durch virtuelle Wissenscluster abgelöst werden.

Fazit

Im Mittelpunkt wirtschafts- und innovationspolitischer Maßnahmen des Landes Nordrhein-Westfalen steht der Mittelstand, denn dieser stellt die Mehrheit an Arbeits- und Ausbildungsplätzen. Insofern konzentriert sich die Wirtschaftsförderung des Landes insbesondere auf Existenzgründer sowie kleine und mittlere Unternehmen.

Inwiefern Nordrhein-Westfalen folglich als Musterland für Wirtschafts- und Innovationsförderung gilt, kann unter den betrachteten Aspekten nur schwer beantwortet werden.

Die ehrgeizigen Ziele, die Zahl der Arbeitslosen zu reduzieren und das Wirtschaftswachstum anzukurbeln, können angesichts der wirtschaftlichen Realität nicht belegt werden. Ganz im Gegenteil, die ökonomische Lage Nordrhein-Westfalens ist durch eine überdurchschnittliche hohe Arbeitslosigkeit und einem unterdurchschnittlichen Wirtschaftswachstum gezeichnet (SCHULTE, C. 2009: 326).

Begründet wird dieser Aspekt nicht nur durch die schrumpfende Montanindustrie oder anderen Einflussfaktoren, sondern auch dadurch, dass es der Wirtschaftspolitik Nordrhein-Westfalens in der Vergangenheit an einem kontinuierlichen Konzept mangelte. Wirtschaftspolitische Highlights waren bisher zu kurzatmig. Die wirtschaftlichen Prestigeprojekte, gemeint sind damit die Technologie- und Gründerzentren, unterstreichen zwar wirtschafts- und innovationspolitische Ziele, aber weisen in ihrer Eigenart auch zahlreiche Defizite auf. Dabei steht natürlich fest, dass das Ziel Arbeitsplätze zu schaffen, nicht allein auf TGZ geschoben werden kann.

Die Frage, ob die derzeitige Wirtschaftsförderung die Bildung von dynamischen Clustern entscheidend voranbringen kann, lässt sich gegenwärtig nicht eindeutig beantworten. Im Hinblick auf den derzeitigen Wissenstand, scheint der Ansatz als erfolgsversprechend. Nordrhein-Westfalen befindet sich mit seiner Wirtschafts- und Innovationspolitik insofern „auf dem Pfad des Mainstream" (ZIEGLER, A. 2005: 180).

Literaturverzeichnis:

HAINDL, H. (1997): Der komplette Artikel: Warum die deutsche Forschung ihr Geld nicht wert ist. Subventionen für die Forschung schaffen noch lange keine neuen Ideen. Eine Polemik <http://www.zeit.de/1997/12/thema.txt.19970314.xml> eingesehen am: 13.02.2011

KIERBACH, R. 1999: Hauptsache Spektakel. Ministerpräsident Wolfgang Clement will Nordrhein-Westfalen auf Höchstleistung trimmen - und setzt dabei auf windige Großprojekte. In: Die Zeit 08/1999 <http://www.zeit.de/1999/08/Hauptsache_Spektakel> eingesehen am: 14.02.2011

KNAUSEDER, J. (2009) Cluster als Chance für nachhaltige Regionalentwicklung? <http://othes.univie.ac.at/7301/> eingesehen am:13.02.2011

MAAß, F. (2002): Gründungsland NRW? . Regionalentwicklung zwischen Prosperität, Aufbruch und Stagnation. In: HEINZE, R. G.; SCHULTE, F. (Hrsg.): Unternehmensgründungen. Zwischen Inszenierung, Anspruch und Realität. Wiesbaden, S. 149-161.

MAGER, U.; RÖLLINGHOFF S. (2009): Regionale Disparitäten und strategische kommunale Wirtschaftsförderung . Aktuelle Herausforderungen und Handlungsansätze am Beispiel der Stadt Dortmund. In: SCHMIDT, J.; HEINZE, R. G.; BECK, R. C. (Hrsg.): Strategische Wirtschaftsförderung und die Gestaltung von High-Tech Clustern. Beiträge zu den Chancen und Restriktionen von Clusterpolitik. Baden-Baden, S.71-98.

MAGGI, C. (2004): Gründungsförderung und Innovationszentren im nordrheinwestfälischen Strukturwandel. In: MEYER-STAMER, J.; MAGGI, C.; GIESE, M. (Hrsg.): Die

Strukturkrise der Strukturpolitik. Tendenzen der Mesopolitik in Nordrhein-Westfalen. Wiesbaden, S. 174-200.

PIKE, A.; RODRIGUEZ-POSE, A.; TOMANEY, J. (2006): Local and regional development. London, S. 95- 102; S.155-174

SCHULTE, C. (2009): Innovative Wirtschaftsförderung in Nordrhein-Westfalen. Innovation und Stadtentwicklung als Stützen im NRW-EU Ziel 2-Programm. In: Informationen zur Raumentwicklung 2009 (5), S. 325-336.

TAMÁSY, C. (2003): Einflussfaktoren auf die Gründungsentscheidung und den Gründungserfolg. In: STERNBERG, R. (Hrsg.): Endogene Regionalentwicklung durch Existenzgründungen?. Empirische Befunde aus Nordrhein-Westfalen. Hannover, S. 41-53.

TRIPPL, M. (2004): Innovative Cluster in alten Industriegebieten. Wien.

(VTN) Verein Technologie-Centren Niedersachen E.V. (2006): 20 Jahre Technologie- und Gründerzentren in Niedersachen. Eine Untersuchung der regionalökonomischen Effekte. Studie 2006 <http://www.vtn.de/fileadmin/vtn_2009/download/TUG_blau_Presse.pdf> eingesehen am 25.02.2011

WAZ NewMedia GmbH & Co. KG (2011)[1]: Technologiezentren NRW: Flankenschutz für Gründer <http://www.derwesten.de/nachrichten/wirtschaft-und-finanzen/wirtschaft-vor-ort/Technologiezentren-NRW-Flankenschutz-fuer-Gruender-id3846462.html> eingesehen am: 14.02.2011

WAZ NewMedia GmbH & Co. KG (2011)[2]: Drei Fragen An Dr. Bernward Garthoff. <http://www.derwesten.de/nachrichten/wirtschaft-und-finanzen/wirtschaft-vor-ort/Dr-Bernward-Garthoff-id4230752.html> eingesehen am: 14.02.2011

ZIEGLER, A. (2005): Technologie- und Innovationspolitik in Nordrhein-Westfalen. In: KRUMBEIN, W; ZIEGLER, A. (Hrsg.): Perspektiven der Technologie- und Innovationsförderung in Deutschland. Impulse und Erfahrungen der Innovations- und Technologiepolitik in den Bundesländern. Marburg, S. 163-183.

Abbildungsverzeichnis:

BEHRENDT, H.; TAMÁSY, C. (1997): Bilanz eines Booms. erfüllen Technologie- und Gründerzentren die politischen Erwartungen? In: Geographische Zeitschrift 85 (1), 34-51.

Technologie- und Gründerzentren Nordrhein-Westfalen e.V. (2011): Technologie- und Gründerzentren NRW. Jahresbericht 2008. <http://tgz-nrw.de/uploads/media/TGZ_NRW-Jahresbericht-2008-Druckfassung.pdf> eingesehen am: 14.02.2011